BU KE SI YI DE DIAN YU CI

不可思议的电与磁

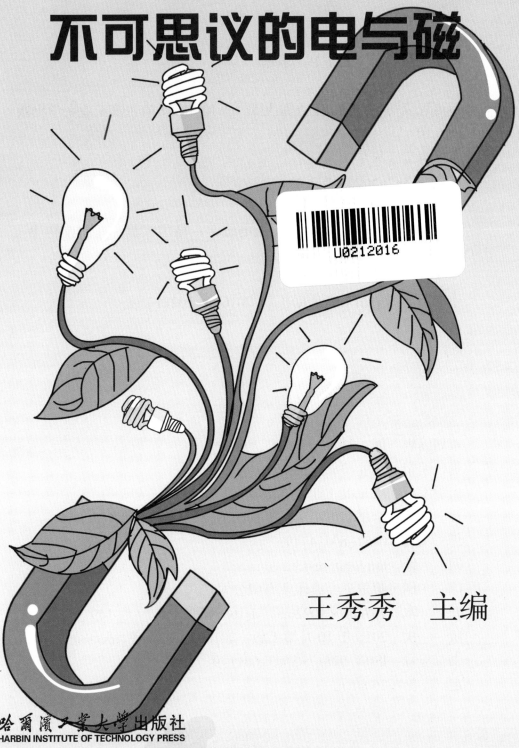

王秀秀　主编

哈尔滨工业大学出版社

HARBIN INSTITUTE OF TECHNOLOGY PRESS

图书在版编目（ＣＩＰ）数据

不可思议的电与磁 / 王秀秀主编 . — 哈尔滨 : 哈尔滨工业大学出版社 , 2016.10
（好奇宝宝科学实验站）
ISBN 978-7-5603-6011-9

Ⅰ . ①不… Ⅱ . ①王… Ⅲ . ①电磁学—科学实验—儿童读物 Ⅳ . ① O441-33

中国版本图书馆 CIP 数据核字 (2016) 第 102717 号

策划编辑　闻　竹
责任编辑　范业婷
出版发行　哈尔滨工业大学出版社
社　　址　哈尔滨市南岗区复华四道街 10 号　邮编 150006
传　　真　0451-86414749
网　　址　http://hitpress.hit.edu.cn
印　　刷　哈尔滨经典印业有限公司
开　　本　787mm×1092mm　1/16　印张 10　字数 149 千字
版　　次　2016 年 10 月第 1 版　2016 年 10 月第 1 次印刷
书　　号　ISBN 978-7-5603-6011-9
定　　价　26.80 元

前 言

科学家培根曾经说过："好奇心是孩子智慧的嫩芽"，孩子对世界的认识是从好奇开始的，强烈的好奇心会增强孩子的求知欲，对创造性思维与想象力的形成具有十分重要的意义。本系列图书采用科学实验的互动形式，每本书中都有可以自己动手操作的内容，里面蕴含着更深层次的科学知识，让小读者自己去揭开藏在表象下的科学秘密。

本书内容的形式主要分为【准备工作】【跟我一起做】【观察结果】【怪博士爷爷有话说】等模块，通过题材丰富的手绘图片，向读者展示科学实验的整个过程，在实验中领悟科学知识。

这里需要明确一件事，动手实验不仅仅局限于简单的操作，更多的是从科学的角度出发，有意识地激发孩子对各方面综合知识的认知和了解。回想我们的少年时光，虽然没有先进的电子玩具，没有那么多家长围着转，但是生活依然充满趣味。我们会自己做风筝来放，我们会用放大镜聚光来燃烧纸片，我们会玩沙子，我们会在梯子上绑紧绳子荡秋千，我们会自制弹弓……拥有本系列图书，家长不仅可以陪同孩子一起享受游戏的乐趣，更能使自己成为孩子成长过程中最亲密的伙伴。

本书主要介绍了 60 个关于电与磁的小实验，适合于中小学生课外阅读，也可以作为亲子读物和课外培训的辅导教材。

由于编者水平及资料有限，书中不足之处在所难免，恳请广大读者批评指正。

编 者
2016 年 4 月

目　录

1. 会拐弯的水流

小朋友，你们见过会拐弯的水流吗？今天怪博士爷爷就带领大家看看摩擦生电的力量。

准备工作

- 一个气球
- 一些碎纸屑
- 一面墙
- 一个水龙头
- 一块羊毛质地的布料

跟我一起做

1 把气球吹大，用布料用力摩擦气球表面。

2 将气球靠近碎纸屑，但是不要接触到纸屑。会有什么新发现？

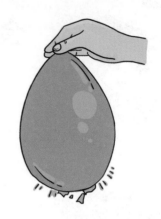

3 用布摩擦气球，并把气球靠近墙。会有什么新发现？

拧开水龙头，再次摩擦气球并将气球靠近水流。观察水流的变化。

4

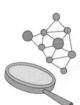

观察结果

第二步中，你会发现，碎纸屑跳起来了，并粘在了气球上。

第三步中，你会发现，气球贴在了墙上。

第四步中，你会发现，水流发生弯曲并跟随气球运动。

怪博士爷爷有话说

当我们用羊毛质地的面料摩擦气球时,气球就会带电,能够像磁铁一样吸引物体。小朋友,你们试试将气球靠近你们的头发,头发会像被施了魔法一样立起来。

下面我们来说说电子的传递。电子究竟是怎么传递的呢?我们知道,所有的物质都是由原子组成的。原子内部包含更小的粒子,叫作质子和电子。质子和电子带电,质子带正电荷,用符号"+"表示;电子带负电荷,用符号"−"表示。电荷具有同性相斥、异性相吸的性质。每个原子内部所包含的质子和电子数量相同,正电荷与负电荷平衡。一些原子内部还有中子,中子不带电。质子和中子保持静止并组成了原子的原子核,电子围绕原子核不断运动。当我们用羊毛质地的布料摩擦气球时,布料原子内的一些电子进入气球的原子,此时气球的原子内部含有更多的电子,所以气球就带电了。小朋友,你们听明白了吗?

2. 叛逆的气球

这两个气球为什么这么不听话？让我们一起来做做看吧！

准备工作

- 两个小气球
- 一条细线
- 一块羊毛质地的布料
- 一张纸

跟我一起做

1

把两个气球吹起来，将它们的两端用细线连接在一起。

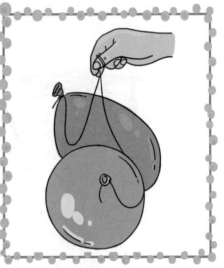

用布料来回摩擦两个气球。

从中间提起线，让气球自然下降。

气球之间会有什么反应呢?

在两个气球中间放一张纸，气球之间又会发生什么现象?

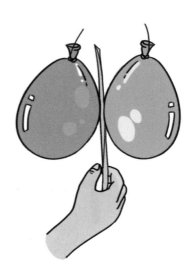

观察结果

第三步中，两个气球会相互远离;第四步中，两个气球会相互吸引。

怪博士爷爷有话说

通常情况下，相同的材料摩擦后会带上相同的电荷。而因为带上了相同的电荷，所以它们会相互排斥。实验中，两个气球都带上了负电荷，所以它们会远离彼此。纸没有带电，它拥有同种数量的正负电荷，所以它的正电荷会吸引气球的负电荷。小朋友，你们听懂了吗？

3. 会移动的吸管

是什么让吸管能够自由移动呢？跟我一起来寻找答案吧！

准备工作

- 四根吸管
- 一根小玻璃棒
- 一块羊毛质地的布料
- 一张桌子

跟我一起做

1 把两根吸管平行地放在桌子上，中间间隔 5 厘米。

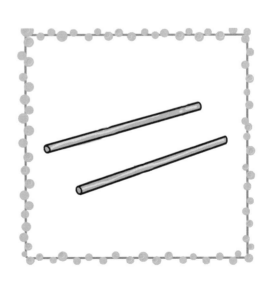

2 　用羊毛质地的布料摩擦另外两根吸管，将其中一根横放在桌子上的两根吸管之上，然后用另外一根分别从左右两边交替地靠近它，注意不要让它们接触。这时，会发生什么现象？

3 　用被羊毛质地的布料摩擦过的小玻璃棒进行同样的操作。

这时，又会发生什么现象呢？

观察结果

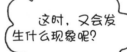

　第二步中，放在两根吸管上的那根吸管会前后滚动，就好像被另一根带电的吸管推动似的。第三步中，吸管向小玻璃棒的方向滚动，即使你将吸管移开一些，它还是会跟随小玻璃棒运动。

怪博士爷爷有话说

　　小朋友们在实验中可以看到摩擦生电的力量。
　　第二步中，被羊毛摩擦过的两根吸管会带有同种电荷，所以当横放一根吸管，再用另一根吸管靠近它时，会相互排斥。第三步中，被羊毛质地的布料摩擦过的小玻璃棒和吸管带有的是异种电荷，所以会相互吸引。

4. 翩翩起舞的蝴蝶

从塑料袋上剪下来的蝴蝶，可以在塑料袋上翩翩起舞，你想试试看吗？

准备工作

- 一个塑料袋
- 一把剪刀
- 几张面巾纸

使用剪刀要注意安全哦！

跟我一起做

1 从塑料袋上剪下一片形状与蝴蝶相似的塑料片。

2

用面巾纸充分地摩擦蝴蝶和塑料袋。

一定要多摩擦一会儿哦！

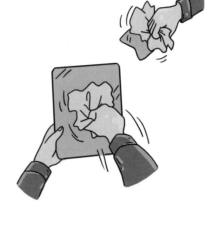

3

把蝴蝶放到半空中，在它下面拿着塑料袋轻轻晃动。

蝴蝶会做出什么反应呢？

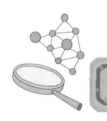

观察结果

蝴蝶会在空中跳起舞来。

怪博士爷爷有话说

小朋友们之所以能看到翩翩起舞的蝴蝶，是因为蝴蝶形塑料片和塑料袋被面巾纸摩擦后，都聚集了大量的负电荷，所以才使得两者之间产生了非常大的排斥力。轻飘飘的蝴蝶才能够跟随着袋子的晃动，翩翩起舞。

5. 蹦蹦跳跳的米粒

米粒本来应该乖乖地待在盘子里，现在非得跑出来，这是怎么回事呢？我们一起来探个究竟吧！

准备工作

- 一个小盘子
- 一些干燥的米粒
- 一把塑料小汤勺
- 一件毛衣

跟我一起做

实验中用到的米粒一定要保持干燥。

1

把米粒装在小盘子里面。

使用的塑料小汤勺必须是干燥的哦。

把塑料小汤勺在毛衣上摩擦一会儿。

3

用摩擦过的小汤勺靠近盛有米粒的盘子。

会发生什么现象呢?

观察结果

你会发现，米粒先是自己跳起来，然后贴上汤勺，很快又四处跳开。

怪博士爷爷有话说

小朋友们在实验中之所以能够看到蹦蹦跳跳的米粒，是因为塑料小汤勺和毛衣摩擦之后带上了静电，静电吸附了不带电的米粒。而当米粒吸附在小汤勺上以后，米粒就会带有和汤勺同种性质的电荷。同性的电荷互相排斥，这时的米粒不但与汤勺互相排斥，而且与其他米粒也会互相排斥，所以才会四处散开。

6. 动来动去的小球

这个小球好奇怪，怎么一会儿靠近计算机屏幕，一会儿远离计算机屏幕，这么不老实呢？让我们一起来看看它为什么会这样？

准备工作

- 计算机显示屏
- 一个塑料小球
- 一根棉线
- 一卷胶带

跟我一起做

1 用胶带把塑料小球粘在棉线上。一定要粘牢哈！

2 打开计算机，把小球靠近计算机屏幕，看看小球有什么变化？

3 过一会儿，小球又会有什么变化？

观察结果

靠近计算机屏幕时，小球会被吸到计算机屏幕上，没过多大一会儿，小球又跳离了计算机屏幕。

怪博士爷爷有话说

带电物体能够吸引轻小物体。小球没带电，却能够被计算机屏幕吸过去，说明计算机工作时，它的屏幕带有静电。当小球与计算机屏幕接触后，屏幕上的电荷就传到了小球上，于是小球就与计算机屏幕带有同种电荷。由于同种电荷相互排斥，所以小球又跳离了屏幕。注意，这个实验中要控制好小球与计算机屏幕之间的距离。

有小朋友来信问我：梳头发带静电怎么办？这个很简单，梳头之前，先将梳子蘸一下水，或者用木梳、牛角梳梳头就能解决这个问题了。

好奇宝宝科学实验站

7. 有魔力的尺子

烟雾很容易随风飘散，但是我却能把它吸引过来。想知道为什么吗？跟我一起来做下面的实验吧！

准备工作

- 一根香
- 一盒火柴
- 一把塑料直尺
- 一块羊毛质地的布料

跟我一起做

1 用火柴把香点燃。

多摩擦一会儿。

在羊毛质地的布料上来回摩擦直尺。

3

拿着摩擦过的直尺靠近香冒出的烟雾。你会看到什么现象？

选择一个亮度合适的地方，能看得更清楚哦！

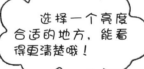

观察结果

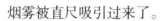

烟雾被直尺吸引过来了。

怪博士爷爷有话说

难道这把直尺有什么魔力吗？当然不是啦！当直尺被羊毛质地的布料摩擦后，就带上了静电，成为了带电体，从而能够吸引轻小物体。当直尺和烟近距离接触时，烟分子就会聚集在直尺上，看上去好像烟分子被直尺吸引过去一样。

8. 泡沫跳起集体舞

平常包装用的泡沫塑料颗粒又小又轻，如果没有风，它们一般会安静地待在那里。可是，只要我们搓一搓手，就能让它们集体跳舞，这是怎么回事呢！

准备工作

● 一块金属板
● 一块塑料板
● 包装用的泡沫塑料颗粒
● 一块羊毛织物

跟我一起做

1 在一块金属板上撒上包装用的泡沫塑料颗粒。

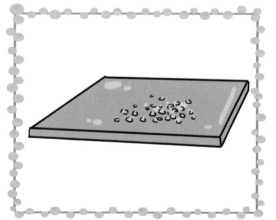

把一块塑料板放在金属板上面 15 厘米处。

用一块羊毛织物在塑料板顶面摩擦。

观察结果

你会看到，随着摩擦运动，散碎的颗粒会纷纷跳起舞来。

怪博士爷爷有话说

塑料板被羊毛织物摩擦后带上了负电荷，这些电荷又由静电感应使塑料颗粒带上正电荷，正负电荷互相吸引使得塑料颗粒跳动起来。如果用短绒毛替代塑料颗粒，用织物或者纸张替代塑料板，并在上面涂上一层胶，使绒毛受静电作用竖立着粘在胶面上，这就是纺织或造纸工业上"静电植绒"的工艺。感兴趣的小朋友可以在互联网上搜索一下关于这个工艺的相关内容。

9. 爬来爬去的蚂蚁

纸做的蚂蚁原本没有生命，为什么突然会爬了呢？

准备工作

- 一张旧报纸
- 一把剪刀
- 干毛巾

跟我一起做

1 先用报纸剪出两三只蚂蚁形状。把纸蚂蚁放在平整的桌面上，用干毛巾来回摩擦。注意，摩擦时要方向一致。

2 摩擦完后，把纸蚂蚁从桌子上拿起来，再放回桌面。这时，观察纸蚂蚁有什么变化？

蚂蚁动了吗？

观察结果

你会看到，纸蚂蚁好像有了生命一样，在桌子上爬来爬去。

怪博士爷爷有话说

纸蚂蚁被干毛巾摩擦后，会带上电荷。纸蚂蚁的腿上带的电荷都是相同的，同种电荷之间互相排斥，所以，纸蚂蚁的几条腿一接触到对方，就会相互排斥，马上分开。也正是因为这样，我们才会看到蚂蚁的腿来回活动，像真的一样。

10. 悠闲散步的易拉罐

我没看错吧？！空易拉罐居然在那慢悠悠地散步呢！小朋友，快和我一起来看看，究竟是怎么回事呢？

- 一个空易拉罐
- 一个气球
- 一根细线
- 几张面巾纸

跟我一起做

1

把空的易拉罐平放在地上。

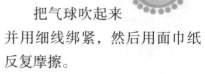

把气球吹起来并用细线绑紧，然后用面巾纸反复摩擦。

让气球靠近易拉罐，这时，易拉罐会做出什么反应？

观察结果

太神奇了！易拉罐居然追着气球滚动起来，就像在散步一样。

怪博士爷爷有话说

为什么易拉罐会追着气球滚动呢？这是因为气球用面巾纸摩擦后，带上了大量负电荷的缘故。易拉罐由金属制成，是一种导体。当带有大量负电荷的气球靠近不带电的易拉罐时，就会出现静电感应现象。易拉罐上靠近气球的部分会带上正电荷，正电荷与气球的负电荷相互吸引，自然就会出现易拉罐跟着气球跑的情形喽！

11. 带电的易拉罐

在易拉罐上包上保鲜膜，再把膜揭开，当手指靠近易拉罐时，就会看到易拉罐冒出火花。跟我一起做做看吧！

准备工作

- 一个空易拉罐
- 一根吸管
- 一卷保鲜膜
- 一卷胶带

跟我一起做

1 在易拉罐顶端用胶带粘上一根吸管，当作把手，以免直接接触到易拉罐。

好奇宝宝科学实验站

2

在易拉罐上包一层保鲜膜，然后拿起吸管让易拉罐悬空，揭掉保鲜膜。

3

这时，用一根手指接近易拉罐，手指会有什么感觉？

不会被电到吧？

观察结果

易拉罐和手指之间会迸出火花，还有一点点触电般麻麻的感觉。

怪博士爷爷有话说

揭下易拉罐上的保鲜膜时，由于摩擦，会让易拉罐积累起大量的电荷。易拉罐是一种金属导体，人体也是一种导体，当人体与带有大量电荷的易拉罐相接触时，就产生了放电作用，使得两个导体之间的空气被击穿，因而会迸出火花。这时，手指会有麻麻的感觉，这个电流非常小，没有任何危险，所以你们可以放心地做实验。

好奇宝宝科学实验站

12. 人造闪电

小朋友，你们见过闪电吧，你们相信硬币也能放电吗？让我们来亲自感受下硬币放电的感觉吧！

准备工作

- 一块橡皮泥
- 一个金属盘子
- 一块羊毛质地的布料
- 一枚 1 元硬币

跟我一起做

金属盘子要擦干净并且保持干燥哦！

1 把橡皮泥粘在金属盘子的中间。

2 用手按住橡皮泥，然后用羊毛质地的布料在盘子上摩擦几下。

3 捏住橡皮泥，提起盘子，然后到一间昏暗的房间。

4 捏住硬币，放在盘子边上。

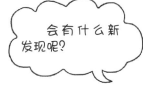

会有什么新发现呢？

观察结果

你会发现，盘子上出现了一朵火花，同时，拿着硬币的手有麻酥酥的感觉。

怪博士爷爷有话说

　　为什么盘子上会迸出火花呢？这是因为用羊毛质地的布料在金属盘子上摩擦的时候，金属盘子得到电子，所以带上了负电。当我们把硬币放在盘子上的瞬间，盘子上面的负电荷就会转移到硬币上，使硬币带有电荷，所以才会迸出火光。同时，负电荷由硬币传到手上，因此手一碰硬币，才会有麻酥酥的感觉。

13. 会放电的糖

方糖甜甜的，是大家都非常喜爱的一种食品，但是你知道吗？它还能放电呢！

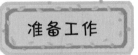

准备工作

● 几块方糖

跟我一起做

好黑啊！等下会有什么神奇的事情发生吗？

1

关闭房间里的灯，或者拉上窗帘，等待几分钟时间，让你的眼睛适应黑暗的环境。

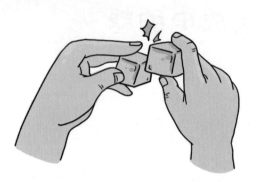

2

像划火柴一样，迅速地摩擦两块方糖，或者是用其中一块敲击另外一块。

当两块方糖碰撞的瞬间，你看到了什么现象？

观察结果

当两块方糖碰撞的时候，能看到微弱的火光。

怪博士爷爷有话说

在自然界中，有些固体介质被挤压或者拉长的时候，晶体就会产生极化，在相对的两面上产生异号束缚电荷。糖的晶体就是具有这种特性的物质。每个糖分子中都具有一定量的化学能，敲击两块方糖时，施加的压力能将糖分子间的化学能转化成光能，因此能看到方糖发出的火光。

14. 土豆电池

土豆不仅能吃，还可以用来制作电池，你们可能不太相信，让我们一起来动手试试看吧！

准备工作

- 六个土豆
- 一把水果刀
- 一把剪刀
- 一块铜片和一块铝片
- 一根导线
- 一张砂纸
- 一卷胶带
- 一个小灯泡

跟我一起做

1 用剪刀剪出相同尺寸的铜片和铝片，用砂纸磨干净表面的污垢和锈迹。

2

小心别切到手！

把土豆对半切开，备用。

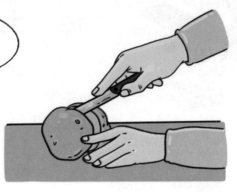

3

把导线分别缠绕在铜片和铝片上，然后用胶带粘好，插入切好的土豆里，铜片和铝片的顺序要错开。

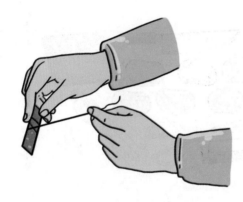

4

用导线将小灯泡连接起来，仔细观察，有什么变化？

观察结果

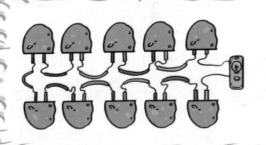

用导线将小灯泡连接起来后，你会发现，小灯泡亮了起来。

怪博士爷爷有话说

土豆汁是一种电解质，能溶化金属。当我们把铜片和铝片插入土豆汁里时，铝就会溶出带正电的离子。因为铜比较稳定，所以铝片带负电，铜片则带正电，此时连上电线，电路就会被接通。但是，土豆汁里的电流非常微弱，需要并联多个土豆才能增强电流。

15. 能发电的硬币

硬币不仅能用来买东西，还能发电。你一定非常惊讶吧！让我们一起来看看硬币是如何发电的！

准备工作

- 盐水
- 几片小纸片
- 两根导线
- 一块电流表
- 大约 20 个一元硬币和 5 角硬币

跟我一起做

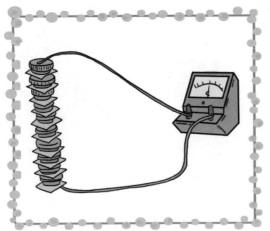

1

将 1 元硬币与 5 角硬币依次间隔地摞在一起，每两枚硬币之间夹一张用盐水浸湿的小纸片。大约摞到 20 多层，才能看到实验效果。

用导线连接"硬币柱"的两端，再接到灵敏的电流表上。观察一会儿，你会看到什么现象？

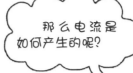

那么电流是如何产生的呢？

观察结果

你可以明显地看到，电流表的指针偏转，真的有电流存在哦！

怪博士爷爷有话说

让我们一起来看看电流是如何产生的吧！因为1元硬币和5角硬币分别是由铁和铜铸造的，铜和铁这两种金属的原子核外的自由电子的活性是不同的。浸了盐水的纸片隔在其中，能够充当电解液并起到输送电荷的作用。电荷就在这两种金属之间运动并产生了电流。硬币的层数越多，电压就越高，参与流动的电荷就越多，电流也越强。这个实验可能并不容易成功，小朋友们可以多试几次。

16. 能发电的醋

小朋友，我们日常生活中的醋也能发电，它究竟是怎么做到的呢？让我们一起试试看吧！

准备工作

- 一个 1.5 伏的小灯泡
- 一个灯座
- 一块铜片
- 一块锌片
- 一个玻璃容器
- 一瓶醋
- 两根电线
- 两枚回形针

跟我一起做

1

把醋倒进玻璃容器里面。

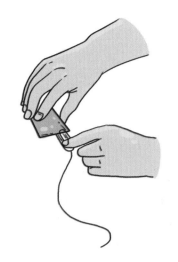

2 把电线的一端固定在回形针上,再把回形针固定在铜片上。

3 把另一根电线的一端固定在另一枚回形针上,并把这枚回形针固定在锌片上。

尽量固定牢固一些。

4 把两根电线没有接头的另一端分别连接在灯座上。

5 把两块金属片插进装有醋的玻璃容器里,这时,观察小灯泡的变化。

6 取出金属插片,小灯泡又会有什么变化?

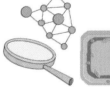
观察结果

当金属插片插进装有醋的玻璃容器里时,你会看到,灯泡亮了。而取出金属插片后,小灯泡灭了。

怪博士爷爷有话说

　　玻璃容器里装的醋实际上充当了干电池的作用。干电池的锌片里含有电解质和带微孔的碳棒，化学反应之后就产生了电流。玻璃容器里的锌片和铜片就起到了传导和化学反应的作用，取出金属插片，电解质就失去了作用，小灯泡也就跟着灭了。

　　什么是干电池呢？它是一种一次性电池，属于化学电源中的原电池。因为这种化学电源装置的电解质是一种不能流动的糊状物，所以把它叫作干电池。目前，干电池的种类比较多，常见的有普通锌-锰干电池、碱性锌-锰干电池、镁-锰干电池和锌-氧化汞电池等。

17. 变苦的舌头

既没有吃苦味的东西，也没有在刷牙过后吃水果，为什么嘴巴里的味道这么苦呢？

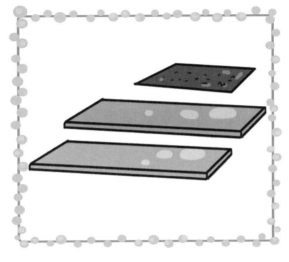

跟我一起做

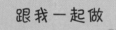

1 用砂纸分别摩擦钢板和铝板。

2 用被摩擦过的这两片金属板夹住舌头。

3 在与金属板接触的瞬间，舌头会有什么感觉？

 观察结果

在与金属板接触的瞬间，舌头会感受到苦味，并有麻酥酥的感觉。

 怪博士爷爷有话说

钢板和铝板与砂纸摩擦后都会带电。把这两种金属放在电解质中，就能形成电池。这个实验中，唾液可以被看作电解质，当我们把这两种金属放进嘴里时，就形成了电池。因为用手握着这两种金属，就相当于接通了电池，使之放电，所以舌头受到电流的刺激，就会感觉到苦味。

18. 制作简易电灯

普通的灯具电路其实非常简单，只要我们掌握基本的电路知识，就可以按照自己的想法做一个简易的电灯。下面让我们一起来试试看吧！

准备工作

● 一个玻璃罐头瓶
● 3 节 5 号电池
● 一卷胶带
● 一根绝缘铜线
● 一颗长铁钉
● 一把钳子
● 一块橡皮泥

跟我一起做

1

把 3 节 5 号电池按照正极都朝向同一个方向的方式连接在一起，并用胶带固定。分别把两根绝缘铜线的两端都用钳子去掉绝缘皮，露出铜丝。

2 把橡皮泥捏成一个略大于玻璃瓶瓶口的薄片，作为灯泡的底座。将两根铜丝穿透橡皮泥，向上伸出大约 5 厘米长，彼此之间相距大约 3 厘米。

3 用钳子将一段绝缘铜线去掉绝缘皮的部位缠绕在钉子上，让钉子上的铜线两端直立。然后把钉子从铜线中拿出来，用弯曲的铜线充当灯丝。

4 将连在橡皮泥上的两根铜线分别缠绕在灯丝两端，把玻璃瓶倒着放在灯丝和铜线上，再将玻璃瓶向下压到橡皮泥底座中。

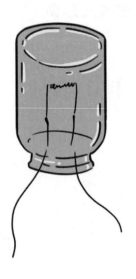

5 将连接在灯丝上的两根铜丝分别接在电池的两端，看灯丝有什么变化？

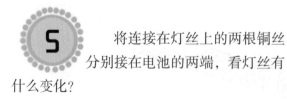

观察结果

连接在灯丝上的两根铜丝分别接在电池的两端后，灯丝瞬间亮了。

怪博士爷爷有话说

实验中的灯丝为什么会发光呢？这是因为当电流通过灯丝时，铜线的电阻不会使电流全部从灯丝上通过，而是将其中一部分电流转化为光和热，这才使得灯丝发光。电流通过得越多，灯丝的电阻越大，释放的光和热也就越多。

19. 用回形针做开关

如果没有开关控制电灯，电灯就会一直亮着，这实在是太浪费电了！让我们一起动手来做一个开关吧！

准备工作

- 一块小木块
- 两颗图钉
- 一枚回形针
- 三根导线
- 3.5 伏的电池
- 带有灯座的 3.5 伏的小灯泡

跟我一起做

1 把两颗图钉间隔 4 厘米钉到木板里，再分别把两根导线裸露的一端插到两颗图钉下面。

> 钉图钉时要注意安全，别扎到手！

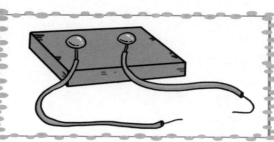

2

先将回形针掰成
"S"形，再将其中一端插到一颗图
钉下面。

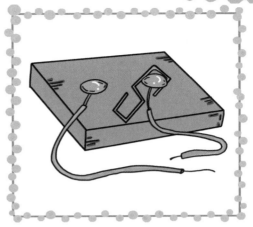

3

把两根导线的另外一端分别与电池和灯泡连接，用另外一
根导线连接在电池和灯泡之间。

4

闭合回形针，灯泡有什么变化？断开回形针，灯泡又有什
么变化？

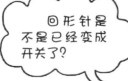

回形针是
不是已经变成
开关了？

观察结果

闭合回形针，灯泡变亮；断开回形针，灯泡就熄灭了。

怪博士爷爷有话说

这个实验中，回形针实际上充当了开关的角色。这是因为回形针能导电，当回形针同时接触到两颗图钉时，就接通了电流。当把回形针从一颗图钉上移开时，电路中的电流就会被切断，灯泡也就熄灭了。

20. 看不见的电流

电流是看不到的，但是有些物体能够让电流通过，有些物体却会阻挡住电流，其中有什么不同呢？让我们一起来寻找答案吧！

准备工作

- 一节电池
- 三根电线
- 一个带灯座的小灯泡
- 两个金属弹簧夹
- 一卷胶带
- 一把铁勺子
- 一把塑料勺子

跟我一起做

1

用胶带把两根电线的一端分别粘在电池的两端，把其中一根电线的另一端接到灯泡上，另一根电线的另一端用弹簧夹夹住。

把第三根电线的一端接到灯泡上，另一端用弹簧夹夹住。

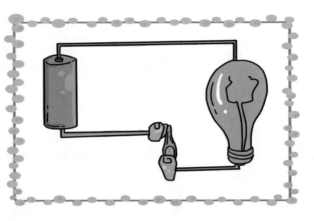

分别把铁勺子和塑料勺子放在两个弹簧夹之间，你会看到什么现象？

3

灯泡会亮吗？

观察结果

把铁勺子放到两个弹簧夹之间，用弹簧夹夹住，你会发现灯泡亮了；把塑料勺子放到两个弹簧夹之间，用弹簧夹夹住，你会发现灯泡不亮。

怪博士爷爷有话说

小朋友们可以看到，在这个实验里我们用电线、灯泡、电池和弹簧夹做成的是一个简单的电路，电路中间留了一个开口，可以用于检测物体是否允许电流通过。因为铁勺子是导体，允许电流通过，所以灯泡会亮。而塑料勺子是绝缘体，阻止电流通过，所以灯泡不亮。

21．能导电的水

小朋友，你们知道水能导电吗？做完下面的实验，你就明白了。

准备工作

- 一个玻璃杯
- 两根金属条
- 1.5 伏小灯泡
- 两节 1.5 伏电池
- 糖
- 盐

跟我一起做

1

将玻璃杯盛满水，然后插入两根金属条，作为电极，用导线将电极与 1.5 伏的小灯泡串联起来。

2 将两节电池串联起来，可以得到3伏直流电压。

3 将两个电极分别与电池的正负极相接。

4 分别在水中加入糖和盐，小灯泡有什么变化？

糖和盐，哪个会让小灯泡发亮呢？

观察结果

在水中加盐，小灯泡发亮；在水中加糖，小灯泡不亮。

怪博士爷爷有话说

　　为什么盐能让小灯泡发亮，而糖做不到呢？这是因为糖、甘油、酒精等是非电解质，在水中不能分离出带电的离子；而盐、酸、碱等电解物质溶解于水，能产生离子。当两根金属条之间有电位差时，正负离子分别跑到与自己的性质相反的电极上去。这样就构成电流回路，让小灯泡发亮了。

22. 利用高级木炭发电

我们平时买来的高级木炭，常常被用来除臭和净水，其实，它还可以用来发电。

跟我一起做

1 用食盐水把面巾纸浸湿，然后包在木炭外侧，再在外面包一层铝箔纸。

2 拿一张铝箔纸搓成一条导线，将导线的一端用透明胶带贴在铝箔纸上，另一端缠绕在小灯泡螺纹接口的腹部。

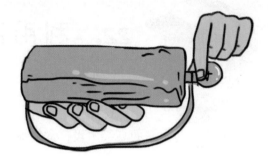

3 使劲用木炭按住小灯泡的接口底部，并握紧木炭外面包的铝箔纸。

观察结果

你会发现，小灯泡变亮了。

怪博士爷爷有话说

这个实验是利用木炭小洞里的氧气接收电子形成电能，做成了空气电池，木炭是正极，铝箔纸是负极，产生的电流大约为200毫安。

23. 日光灯的发光原理

在日常生活中,日光灯随处可见,可是,你们知道日光灯为什么会发光吗?

准备工作

● 一个气球
● 一根日光灯管
● 一块抹布

跟我一起做

日光灯一定要轻拿轻放哦。

1

将气球吹鼓以后,扎紧。用抹布将日光灯管擦干净。

2

在一间昏暗的房间里,将日光灯管的一端立在地板上。

3 用一只手扶住灯管，另一只手拿着气球在灯管上快速地上下摩擦，将气球靠近灯管。

仔细观察，灯管有什么变化呢？

 观察结果

灯管开始发光，而且不管气球靠近灯管的哪个位置，灯管的相应位置都会开始发光。

 怪博士爷爷有话说

把气球放在灯管上摩擦时，会让气球表面的电子增多，从而使灯管里的水银蒸发成蒸气，带电的水银蒸气会发出紫外线，使灯管内壁上的荧光物质发出可见光。

24. 火柴点亮电灯

电灯一般通电以后才会亮，但是在下面的实验中，电灯是用火柴点燃的，快跟我一起试试看吧！

准备工作

- 一盒火柴
- 一节一号电池
- 2.5 伏带灯座的小灯泡
- 三根导线
- 铅笔芯

跟我一起做

1
　　用导线把一节
一号电池、电灯泡和铅笔芯串联
起来。

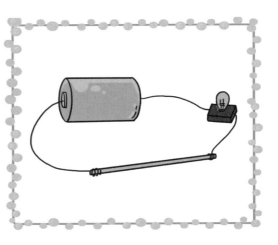

要耐心好好调节哦。

调节铅笔芯接入电路中的长度，一直调节到小灯泡刚好不发光为止。

点燃火柴，加热铅笔芯。观察灯泡的变化。

注意别让火柴熄灭了哦。

灯泡会一直亮着吗？

观察结果

你会发现，随着铅笔芯温度的升高，小灯泡会发出光来，火柴熄灭后，小灯泡也随之熄灭。

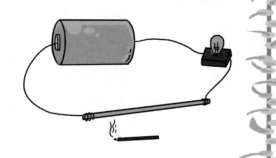

怪博士爷爷有话说

　　为什么小灯泡忽亮忽灭呢？这是因为导体内部存在电阻，随着温度的升高，有些导体内的电阻会增大，而有些导体内的电阻会减小。铅笔芯的主要成分是碳，碳的电阻会随着温度的升高而减小，所以，当铅笔芯受热时，小灯泡两端的电压会随之增加，小灯泡就变亮了。

25. 电球游戏

在静电作用下，铝箔做成的小人不断地踢球射门，跟我一起试试看吧。

准备工作

● 一张铝箔纸
● 一块塑料板
● 一块毛料布
● 一个铁盒

跟我一起做

用铝箔做成一个踢足球的小人和一个小球。 **1**

2 用毛料布使劲摩擦塑料板，然后放置在一个干燥的玻璃杯上，把小人固定在塑料板的边缘。

3 在距离小人大约5厘米处，放置一个铁盒子。

4 取一个用铝箔做的小球拴在一根线上，放在小人和铁盒之间。

小人和铁盒之间会发生什么呢？

观察结果

小球会被小人多次踢向铁盒，并反弹回来。

怪博士爷爷有话说

这个实验运用了静电感应中"同性相斥，异性相吸"的原理。之所以能看到上面的结果，是因为带电的塑料板把电流传到了铝箔小人上，把小球吸引过来，小球带上电后由于同性排斥冲向铁盒，球体上的电流立刻被导掉。这个运动过程以极快的速度反复进行。这下你们明白原因了吧！

26. 电视机上的字

用手指在干净的电视机屏幕上写一个字，然后用粉扑往电视机屏幕上一吹，这时，你写的字就出现了，为什么会这样呢？

跟我一起做

1 用干净的布把电视机的屏幕擦拭干净，然后将电视机打开，几十分钟后关闭，用手指在屏幕上写两个字"电磁"。

用粉扑蘸上滑石粉，然后吹在电视机屏幕上，你能看到什么现象呢？

滑石粉会发生什么变化呢？会正常散落吗？

观察结果

你会看到滑石粉被电视机屏幕吸引过去了，而写字的地方却留下了空白。

怪博士爷爷有话说

打开电视机一段时间后，电视机屏幕上布满了静电，当用手指在屏幕上写字的时候，写字地方的静电被手指抹去了。因此，当粉扑蘸上滑石粉吹在电视机屏幕上时，滑石粉微粒就被静电吸附，而写过字的地方没有静电，不会吸附，这样电视机屏幕上就会显现出写字的部分。

27. 制作一个验电器

验电器是一种用于检验物体是否带有电荷的仪器。下面我们试着做一个验电器吧！

准备工作

- 一枚回形针
- 一把塑料梳子
- 一支玻璃试管
- 一块丝绸
- 一块毛皮
- 一个有合适的橡皮塞子的广口瓶
- 一片长 8 厘米宽 2 厘米的铝箔

跟我一起做

1 首先把回形针弄直，再把它插进瓶塞的正中间，外边伸出 1 厘米左右，留在瓶子里的那段弯成一个"L"形。把铝箔的中段剪去一条，然后对折，将它挂在回形针的 L 形钩上，把塞子塞到瓶子上。

2 用毛皮使劲地摩擦梳子，然后让梳子接触瓶塞上的回形针，并在回形针上来回摩擦一会儿。

再用手指接触回形针。

用丝绸摩擦试管，让试管接触回形针，来回擦一会儿。

观察结果

你会看到，当用梳子接触回形针时，折叠的铝箔张开；当你用手指接触回形针时，两块铝箔又回到一起；再用试管接触金属时，铝箔又分开。

怪博士爷爷有话说

这个带塞的瓶子、回形针和铝箔，实际上组成了一个简易验电器。当一个带电的物体接触金属的回形针时，金属作为导体，就把电荷带到铝箔上。因为两块铝箔带同种电荷，它们互相排斥而分开。无论是正电荷还是负电荷都一样。当用一只手接触金属时，电荷就释放出来，铝箔又回到原来的位置。

28. 制作一个起电盘

- 一块塑料板
- 一块羊毛质地的布料
- 一个金属瓶盖
- 一颗铁钉
- 一根长 10 厘米、直径 为 3 厘米的木棒

跟我一起做

钉钉子时，一 定要注意安全哦！

1 把盖子扣在木棒上面，使之保持平 衡。然后钉上钉子，把木棒与盖子连起来。

用布料使劲摩擦塑料板大约 15 秒，手握木棒，让盖子保持在你刚才摩擦过的塑料板上方。你另一只空着的手同时接触一下塑料板和金属盖。手握着木棒移开盖子，在靠盖子很近的边缘移动你的手。

好期待实验成功啊！

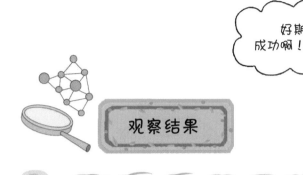

观察结果

你会看到，有一个电火花从盖子上跳到你的手上。如果天气特别冷而且干燥，你可以成功地从这个起电盘上得到一连串的火花。

怪博士爷爷有话说

小朋友们不用担心，这个实验产生的电火花不会伤害到你们。实验中利用了摩擦生电的原理，起电盘上才能得到一连串的火花。

29. 废电池恢复"生命"

准备工作

- 一节废干电池
- 一个手电用小灯泡
- 一勺盐
- 一根 15 厘米长的细导线
- 一块布
- 一个装有 3/4 瓶温水的大瓶子

跟我一起做

为什么要放入盐呢?

1 　　将盐溶解在瓶子里，在干电池的顶部打几个孔，将它放在瓶子的水里，浸泡一小时后拿出来，用布将它擦干。

2 　　将导线两端的绝缘皮剥掉。

3 将导线的一端紧紧地绕在灯泡底部的金属沟槽里，导线的另一端压在干电池一个连接柱的底部，然后将灯泡装在干电池的另一个接线柱上。

4 观察灯泡的变化情况。

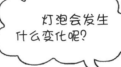
灯泡会发生什么变化呢？

观察结果

你会发现灯泡变亮了。

怪博士爷爷有话说

电池的报废常常是因为电解质干透了。你把干电池"翻新"了，实际上干电池的性能被削弱了，因为电池的顶部已经打了孔，因而电解质会干燥得更快。所以，它促使电子流动的能力不会维持太久。

30. 什么是串联接线

准备工作

- 两节 1.5 伏的干电池
- 三个手电灯泡
- 三个演示用的手电灯泡灯座
- 两根 25 厘米长和三根 12 厘米长的导线

跟我一起做

连接时一定要处理好线路之间的接头哦。

按左图所示接线。然后从灯座上取走一个灯泡。

观察结果

当你接上所有接头并将三个灯泡都装进灯座时，三个灯泡都亮了。如果你从灯座上拿走一个灯泡，线路中断，其余两个灯泡也灭了。

怪博士爷爷有话说

什么是串联线呢？我们将一节电池的负极接到另一节电池的正极上，实际上就是把两节电池串联起来了。平常我们节日里用到的彩灯就是使用串联接线。

31. 什么是并联接线

- 两节 1.5 伏的干电池
- 三个演示灯座
- 三个灯泡
- 两根 25 厘米长和五根 12 厘米长的导线

跟我一起做

按右图所示将线接好，然后拧出一个灯泡，再拧出一个灯泡。

观察结果

当你将线接好时，三个灯泡都亮了。拧出任一个灯泡，其他两个仍然亮，再拧出一个，第三个灯仍亮。只要还有一个灯泡在灯座上，就有一个闭合回路，电流就能流动。

怪博士爷爷有话说

通过上面两个实验，我们能够看出，并联和串联还是有区别的。像我们日常家里用的插座都是并联的，包括电视机、洗衣机、计算机、电冰箱等。而节日里街头挂的小彩灯是串联的。小朋友，你们还能举出哪些用电器是串联的？哪些用电器是并联的？

32. 什么是短路

准备工作

- 两节 1.5 伏的电池
- 一个演示灯座
- 一个灯泡
- 两根 25 厘米长和一根 10 厘米长的导线

跟我一起做

1 先将所有导线端部的绝缘皮都剥掉，25 厘米长的导线中段也剥去 2.5 厘米长的绝缘皮，再将两节干电池并排放好，将左边电池的负接线柱与右边电池的正接线柱用 10 厘米长的导线连接起来。

2 用一根 25 厘米长的导线连接左边干电池的正接线柱和灯座的接线头，用另一根 25 厘米长的导线连接灯座的另一个接头和右边干电池的负接线柱。

3 把灯泡旋入灯座。

4 用手抓着导线有绝缘皮的地方，把一根导线移近另一根导线，使导线裸露的中部互相接触。

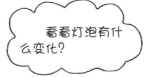

看看灯泡有什么变化？

观察结果

你会发现，灯灭了。

怪博士爷爷有话说

电流常常从最短的路径流过。在这个实验中，短路切去了电路中的灯泡，如果用手去摸一下接触点处的裸露铜线，你会发现，短路产生了大量的热量。事实上，它可以引起火花。做完这个实验以后，应该立即从电池上拆下导线，断开电路。

33. 电流的热量

吹风机为什么能吹出热风呢？烤箱的工作原理是什么？做完下面的实验你就知道啦。

准备工作

- 一根水银温度计
- 一节 4.5 伏的电池
- 一根细铜丝
- 一卷绝缘胶带

跟我一起做

1 将细铜丝缠绕在温度计的金属端，螺旋缠绕的铜丝互相不接触。缠绕后留出足够长的没有缠绕的铜丝。

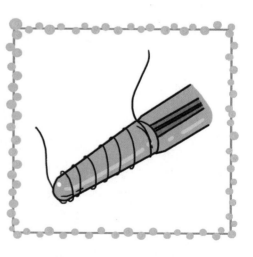

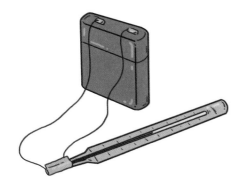

2

用细铜丝的两端连接电池的两极。

会发生什么现象呢?

观察结果

几分钟后,温度计的温度上升了。

怪博士爷爷有话说

实验中,流过细铜丝的电会使其变热。平常我们家里使用的很多电器内都有电阻。当电流经过电阻时,电能会被转化为热能,于是那些电器就发热了。电熨斗、电饭锅、烤箱、电热毯和吹风机都运用这种工作原理工作。

34. 电测试游戏

准备工作

- 24 枚回形针
- 一块硬纸板
- 一些细的绝缘导线
- 一节 1.5 伏的干电池
- 演示灯座和灯泡

连完所有的接头时，看看相邻的导线有没有裸露铜线接触。

跟我一起做

1　沿着纸板的纵向，在左边每隔两厘米别一枚回形针，共别 12 枚。然后在右边也别 12 枚回形针、使之与左边相应的回形针成直线。两边从上到下给回形针编号 1 ~ 12。再将导线截成按下页图所示的连接左、右回形针所需要的各种长度。接线时，刮掉两端绝缘皮，在每根回形针上扭两圈。使之连接牢固。

2 切取两根 60 厘米长的导线，导线的一端与干电池正极连接，另一端与演示灯座接触，把一根 30 厘米长的导线连到灯座的另一个接头上。翻转纸板。

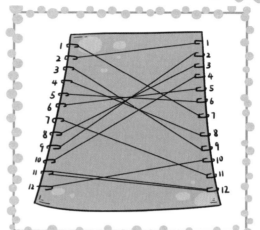

实验可能有点复杂，小朋友们要仔细阅读哦。

3 设计 12 个问题，并写在小纸条上，把它们放到纸板反面左边的 12 枚回形针下边。写出 12 个问题的答案，把答案放在右边有关的回形针下边，比如第一个问题的答案，放在第二枚回形针下面，第二个问题的答案，放在第九枚回形针下面，依此类推。

4 一只手抓住灯座上引出的导线，另一只手抓住干电池正极引出的导线，左手中的导线端头对着左边夹着写了问题的回形针，右手中的导线端头对着正确答案的回形针。

小朋友，你们试一试，什么情况下灯泡才会亮？

观察结果

只有当你右手中的导线端头对准了夹着正确答案的回形针，灯泡才会亮。

怪博士爷爷有话说

因为只有正确的答案连接起来，才能形成一个闭合电流回路，灯泡才会亮。

35. 保险丝的秘密

保险丝是一种安装在电路中，保证电路安全运行的电器元件。现在常见的保险丝是由电阻率比较大而熔点较低的银铜合金制成的导线。家里的电闸上一般都装着保险丝，你们知道它是如何起到保险作用的吗？

准备工作

- 一段铜丝
- 一段铁丝
- 两根导线
- 一把钳子
- 一节 1.2 伏的电池
- 水泥台

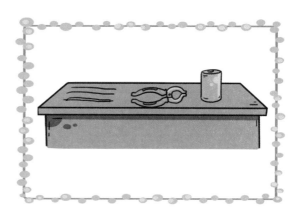

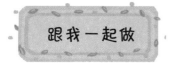

实验要在水泥台上进行哦。

首先剪 1 根 5 厘米长的铜线，再剪 1 根相同长度的铁丝，然后将两根金属线的一端拧在一起，形成 1 根长一些的金属线。

先将一根导线夹在长金属线上铜丝的一端，再将另外一根导线夹在长金属线上铁丝的一端。

3 将两根导线分别夹在电池的两端，接通电路后等待一段时间，看看长金属线上的铜丝和铁丝会发生什么变化。

观察结果

你会发现，铁丝比铜丝要烫。

怪博士爷爷有话说

当电流流过导体的时候，电子和导体中的原子发生碰撞，从而产生热能。电阻越大，产生的热能越多；电阻越小，产生的热能越少。例如实验中的铜丝，它的电阻非常小，所以电流基本可以不受什么阻碍即可通过，所产生的热量很小。相反，铁丝的电阻很大，产生的热量多，所以很容易熔断。

36. 验证磁铁的吸引力

小朋友，你们知道哪些物体能被磁铁吸引吗？玻璃、木头、塑料、铁、钢、布、纸……让我们一起来试试看吧！

准备工作

- 不同材质的物体：玻璃、木头、塑料、铁、钢、布、纸……
- 不同物体的表面：墙、窗户上的玻璃、衣柜、冰箱……
- 被绳子吊起来的一块磁铁

跟我一起做

把物体分成两组：金属的分到一组，非金属的分到一组。

用磁铁靠近第一组物体，一次一个。

3 对第二组物体重复这样的操作。

4 让磁铁靠近墙壁、窗户上的玻璃、衣柜、冰箱。

磁铁能吸起这些物品吗?

观察结果

有些金属物体会被吸引到磁铁上,另一些则不会;非金属物体不受磁铁的吸引;某些物体表面能吸引磁铁,而有些物体表面则不能吸引磁铁。

怪博士爷爷有话说

磁铁是由小块的铁或钢构成的，它们能够吸引铁、钢、镍、钴、铬制品或者含有少量上述金属的物品；玻璃、木头、塑料、纸和布等则不受磁铁的吸引。那些细小的物品会被吸到磁铁上，而体积和质量大的物品，如一个大铁饼，会把磁铁给吸引过去。

37. 磁力的对比

所有磁铁的磁力大小都是一样的吗？让我们一起通过下面的实验来寻求答案吧！

准备工作

- 三块不同大小的磁铁
- 三枚一元硬币
- 一把尺子
- 一张桌子

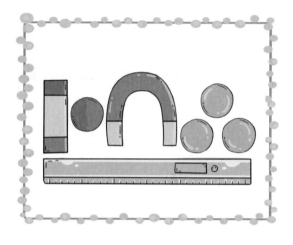

跟我一起做

把磁铁在桌子上排成一列，每两个之间间隔10厘米。

2 把硬币也排成一排，摆在磁铁对面，但是两者保持较远的距离。

3 用直尺慢慢推动这一列硬币向磁铁靠近。这时，会发生什么现象？

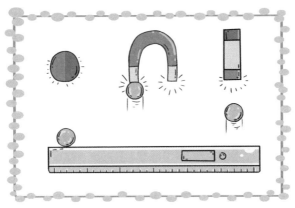

观察结果

距离对磁力有影响吗？

有一个硬币很快就被磁铁吸引了，另外两个则要到距离很近的时候才能被吸引。

怪博士爷爷有话说

　　在隔空的情况下，磁铁的磁力也能起到作用。磁铁越大，它的吸引力能发挥作用的距离就越远。也就是说，磁铁的磁力起作用的距离与它的能力成正比。

38. 磁铁身体里的秘密

磁铁身上每个部位的吸附能力是有区别的，有的地方吸附能力强，有的地方吸附能力弱，还有的地方根本没有吸附能力。我们一起来揭开藏在磁铁身体里的秘密吧！

准备工作

- 一块马蹄形磁铁
- 几枚回形针
- 一张桌子

跟我一起做

1

摆放好不要掉下去了哦。

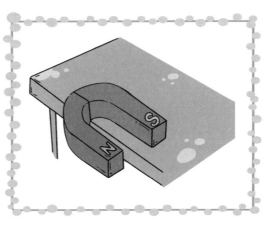

将马蹄形磁铁的一端架在桌子上。

2 将回形针吸附在磁铁的尾端，并且一枚一枚地接上去。看看最多能接多少枚回形针。

3 按照第二步的做法，将回形针一点点向磁铁圆形那端排列。你会看到什么现象呢?

观察结果

实验最后可以看到，磁铁最末端吸引的回形针最多，圆形部位吸引的回形针最少。

怪博士爷爷有话说

从上面的实验结果可以知道，磁铁的末端吸附力最大，圆形端吸附力最小。这是因为马蹄形磁铁的南北磁极是平行的，它的磁场从南极到北极主要围绕在末端部分，因此，末端磁极部分的磁性是最强的。磁铁中间和圆形端部分的磁场很小，磁力也是最弱的。

有小朋友问我："如果把一块完整的磁铁分成两半，这两半磁铁还是只有一个南极，一个北极吗？"我给大家解释一下，其实磁铁本身是由无数个细小磁铁所构成的。这些细小的磁铁都有磁场，也都存在南极和北极。所以，被分开后的磁铁还是会有南北两极的。

39. 跟着磁铁走的回形针

你见过能自行移动的回形针吗？有了磁铁，我们轻而易举就能做到了。

准备工作

- 一块磁铁
- 一个大玻璃杯
- 一枚回形针
- 水

跟我一起做

1 向玻璃杯里面倒入水，然后放入一枚回形针，现在，我们想在不弄湿手的情况下，把回形针从水里取出来，你们仔细想一想，能做到吗？

把磁铁贴在玻璃杯上，放在跟回形针等高的位置，回形针会靠向磁铁吗？然后慢慢地把磁铁向上移动。

然后回形针会有什么变化呢？

观察结果

回形针会靠向磁铁并且跟随磁铁移动，直到露出水面，用这种方法可以在手不沾水的情况下取出回形针。

怪博士爷爷有话说

磁铁的磁力透过玻璃和水还能起作用。如果玻璃杯是铁或钢制的，回形针仍然会被吸引，只是吸引的强度会减小，因为其中一部分磁力被玻璃杯吸收掉了。

40. 被阻隔的磁力

磁铁如果被包裹上一些物体,会对磁力产生影响吗?让我们来做做看吧!

准备工作

- 几张旧报纸
- 一张铝箔
- 一块布料
- 一块海绵
- 一块大磁铁
- 一个铁制品

跟我一起做

1 用报纸包住磁铁,然后检验它是否还能吸引铁制品。

2 用铝箔包住磁铁,然后检验它是否还能吸引铁制品。

3 用准备好的其他材料包住磁铁，然后检验它们是否还能吸引铁制品。

4 用一种材料包住磁铁，增加包裹的层数，直到磁力被削弱，然后完全消失。

要裹多少层磁力才会消失呢？

观察结果

磁铁透过一层薄薄的材料仍然能够吸引物体，但是当这层材料到达一定厚度之后，磁铁就不能吸引物体了。

怪博士爷爷有话说

磁铁的磁力非常大，它能够穿透几层较薄的材料，但是当隔层变厚之后，它就不能穿透了。在实际生活中，为了达到消磁的目的，人们通常选用不受磁力吸引的材料来隔离它。小朋友，你们学会了吗？

41. 看得见的磁力线

用一些铁砂和磁铁就能清楚地看到磁力线，快跟我一起试试看吧！

准备工作

- 铁砂
- 一块条形磁铁
- 一块马蹄形磁铁
- 两张小纸板

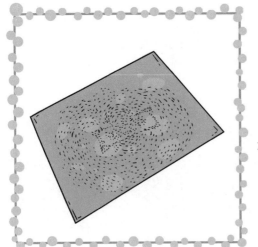

跟我一起做

1

将一张小纸板放在条形磁铁上。

慢慢地将铁砂撒到小纸板上，用手指轻轻敲击小纸板。

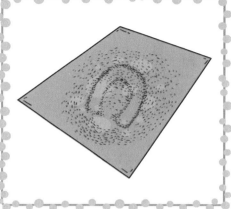

对马蹄形磁铁重复上面的操作。

观察结果

大部分铁砂会集中在这两块磁铁的两端附近，其他地方的铁砂数量比较少。

怪博士爷爷有话说

为什么铁砂会区域性分布呢？这是因为磁铁的磁力集中在两个磁极，即它的两端。离磁极越远的地方，磁性越弱。这里涉及磁场的概念。分布在磁铁周围的铁砂排成的线条指出了磁铁的作用范围，这个区域被称为磁场。当物体处在磁场范围内时，它们将被磁铁吸引。磁力规则地分布在磁铁的周围。上面实验里，通过铁砂我们只能看到水平面上的磁力，实际上，在垂直面上也是一样的。

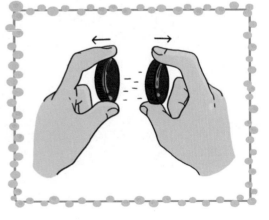

42. 浮在半空中的磁铁

虽然我们知道了磁铁具有"同极相斥"的特性，但是当我们看到一块磁铁悬浮在另一块磁铁上方时，还会惊讶不已吧！

准备工作

- 两块磁铁
- 一块橡皮
- 一卷透明胶带

拿着磁铁的手是不是能感受到磁铁相互排斥的力量？

跟我一起做

1 　找出两块磁性较强的磁铁，让同极的两个面相对，这时两者相互排斥。

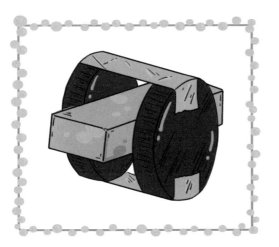

2 在这两块磁铁可以产生排斥作用的距离内，将适当粗细的橡皮夹在磁铁之间，然后用透明胶带固定。

磁铁会悬浮还是会落下？

3 将磁铁放在桌子上，抽出其中的橡皮，你会看到什么现象？

观察结果

抽出其中的橡皮，就可以看到上面的磁铁浮在半空中。

怪博士爷爷有话说

　　小朋友们从实验中看到磁铁悬浮在空中，这是因为磁铁具有同极相斥的特性。实验中，因为透明胶带阻止了磁铁的移动，否则磁铁就会跳开或者翻转过来吸在一起。

43. 浮起来的铝箔

电磁炉通电后，放在电磁炉上的铝箔圆环就会不断上浮，好像要飞出去一样。为什么会出现这样的现象呢？做完下面的实验，你就明白了。

准备工作

● 一个卫生纸筒
● 一把剪刀
● 一张铝箔
● 电磁炉

跟我一起做

1 将铝箔剪成一个圆形。

2 在圆形中间剪一个跟卫生纸筒一样大小的圆洞。

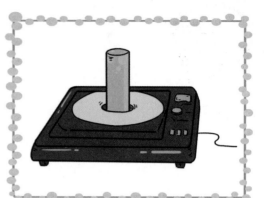

3 将卫生纸筒立在电磁炉正中央，将铝箔圆盘套在圆筒上面。

先别着急通电，一定要注意用电安全。

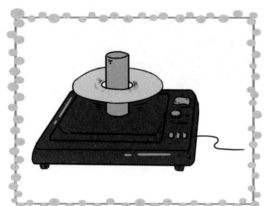

4 打开电磁炉开关，你会看到什么现象？

圆盘会飞起来吗？

 观察结果

打开开关后，你会看到圆盘浮起来，好像要飞出去一样。

怪博士爷爷有话说

电磁炉接通电源后，会形成一个磁场，而铝箔在磁场中又形成一个方向相反的新磁场。这两个磁场之间是相互排斥的，所以，质量轻的铝箔在受到向上的排斥力的作用下，就不断向上浮起了。

44. 磁力的连锁传导

磁力能连锁传导吗？做完下面的实验，你就知道答案了。

准备工作

- 一块磁铁
- 两颗钉子

跟我一起做

1

将一颗钉子吸附到磁铁上，然后用这颗钉子靠近另外一颗。会发生什么现象？

2 将第一颗钉子跟磁铁分开,但是让它处在与磁铁很近的范围内。会发生什么现象?

3 移开磁铁,这时会有什么情况发生?

观察结果

第一步中,第一颗钉子会吸引第二颗。

第二步中,第一颗钉子仍然能吸引第二颗,它们连在一起了。

第三步中,两颗钉子分开,第二颗钉子掉了下来。

怪博士爷爷有话说

　　跟磁铁相连的时候，第一颗钉子被磁化了，它能像磁铁一样吸引第二颗钉子。磁铁的磁力在附近一定范围内都能起到作用。这样，在第二步中，磁场传导到了这两颗钉子上。当移开磁铁后，这个现象就消失了，第二颗钉子就掉了下来。

45. 游动的小蝌蚪

在盆中放入几个用铁皮剪成的小蝌蚪,让小蝌蚪的头部朝向不同的方向,小蝌蚪慢慢游动,没过多久,它们就全部朝向同一方向游动了。有意思吧!

准备工作

- 一张薄薄的铁皮
- 一把剪刀
- 一个水盆
- 一块磁铁
- 几根缝衣针
- 水

跟我一起做

1 用剪刀将铁皮剪成小蝌蚪的形状,多剪几只。

做这一步一定要有铁杵磨针的精神！

2

用缝衣针摩擦磁铁数次，摩擦时要保持同一方向。

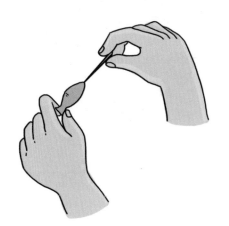

注意别扎到手！

3

将缝衣针插进小蝌蚪的身体里，统一从头部向尾部插入，每只小蝌蚪插入一根。

4

在水盆里倒水，将小蝌蚪放进去，观察小蝌蚪的变化。

观察结果

你会看到，所有小蝌蚪的头部都朝向同一个方向。

怪博士爷爷有话说

缝衣针在磁铁上摩擦过后就会被磁化，也变成了磁铁。既然是磁铁，就会受到地球引力的吸引，当然都会指向同一个方向。所以，插入了缝衣针的小蝌蚪自然都会朝向同一个方向游动。小朋友，是不是很好理解呀！

46. 简易指南针

当我们去一个陌生的地方游玩时，很容易迷失方向。要是有个指南针就好了，下面我们来教大家制作简易的指南针。

准备工作

- 一根针
- 一张蜡纸
- 一把剪刀
- 一块磁铁
- 一个装水的盆

跟我一起做

为了实验成功，一定要坚持！

1

用针尖在磁铁上按照同一方向摩擦30多次。

2 用剪刀从蜡纸上剪下一块直径约 3 厘米的圆形纸片，将针从纸片的一侧插进去，从另一侧穿出来。

3 将插有针的圆形纸片放到装有水的盆子里，轻轻转动纸片，改变针的方向。

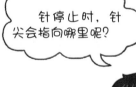

针停止时，针尖会指向哪里呢？

 **观察结果**

你会发现，针停止移动的时候针尖总是会指向同样的方向。

怪博士爷爷有话说

经磁铁摩擦过的针会产生磁性，从而出现和磁铁完全相同的特性。地球也是个大磁铁，它的磁极在南北极附近，因此通过磁性相吸的原理，有了磁性的针就能够指示南北了。拨动纸片，改变针的方向以后，受磁力吸引，针总会停在向南（或北）的方向上。

47. 无线钢珠串起来

小朋友，你们有办法将一串钢珠串在一起，而不用针线吗？现在跟我们学个简单的方法，很容易就能做到。

准备工作

- 几个小钢珠
- 一块磁铁

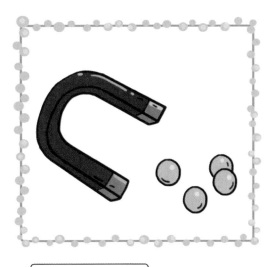

跟我一起做

看看能吸起几个小钢珠？

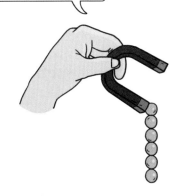

1

先用磁铁吸起一个小钢珠，接着小心地一个接着一个连续地吸起其他小钢珠。

2

仔细观察，钢珠有什么变化。

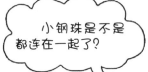
小钢珠是不是都连在一起了？

观察结果

你会看到，磁铁能将钢珠连成一串美丽的链子。但是没过多长时间，钢珠就会一颗接着一颗地掉落。

怪博士爷爷有话说

　　磁铁的磁性是能够转移的，一块强磁铁吸引物体时，会产生很强的磁力，进而把磁性转移到原本不具有磁性的物体上，那个物体就具有了磁性。实验中，磁铁把磁性传给了小钢珠，小钢珠就具有了磁性，能吸引其他的钢珠。同理，如此反复，小钢珠就能串成一条链子。但是，这种磁力是有限的，当磁性消耗完以后，钢珠还是会掉落下来。

48. 针线同舞

"针线同舞"的情景，你们见到过吗？做完下面的实验，你就能看到。

准备工作

● 一根缝衣针
● 一根棉线
● 一块条形磁铁

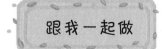

跟我一起做

一定要绑紧棉线哦！

1 把棉线的一端绑在针上。

2 提起棉线的另一端，另一只手拿着磁铁，把针吸起来，再把磁铁拿开一些，让针和棉线悬浮在空中。

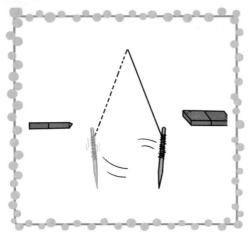

3

缓慢地转动磁铁，注意磁铁和针的距离不要太远，移动磁铁，观察针和棉线的变化。

针线会跟随磁铁移动吗？

观察结果

刚开始的时候，你会看到针和棉线悬浮在磁铁的下方，当磁铁转动起来，针和棉线就跟着磁铁"翩翩起舞"。

怪博士爷爷有话说

实验里，磁铁并没有和针接触，但是却能够控制针的运动，这是为什么呢？是因为磁力能够穿透空气。实验过程中，磁力和吸引针和棉线往下掉的重力相平衡，所以，才会出现针和棉线在空中"起舞"的情景。

49. 消失的磁力

上面实验中，我们提到过磁力是有限的，通过下面的实验，你会看到，磁力真的会消失！

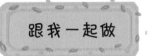

准备工作

- 几根缝衣针
- 一块磁铁
- 水泥地板

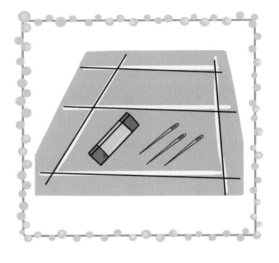

跟我一起做

1 把缝衣针的一头在磁铁的一端从头到尾反复摩擦 40 次，方向保持不变。

2 用磁化后的针靠近其他的针，会有什么反应？

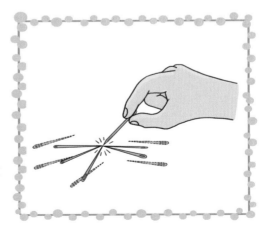

3 让磁化后的针反复落在地板上。

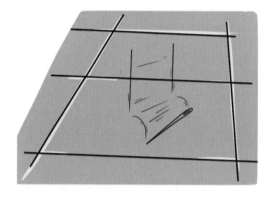

4 再用这根针靠近
其他针，会发生什么现象？

这根针还会吸
引其他的针吗？

观察结果

第二步中，磁化后的针会吸引其他的针。

第四步中，这根针不能吸引其他的针。这是为什么呢？

怪博士爷爷有话说

　　落在地板上的针在与地板撞击的过程中失去了磁力。撞击起到的效果与磁铁摩擦针的效果相反，它们打乱了组成磁铁的粒子的原有秩序，结果让针失去了磁力。简单来说，就是当被磁化的物体遭到撞击时，它们有可能会消磁。

　　有小朋友问过我：为什么一个物体会消磁呢？这里我来好好讲一讲。金属物品的内部被划分出许多微小的磁区，它们叫作　　　　。通常情况下，磁畴的方向各不相同，因此它们的磁力就被抵消了。磁铁的摩擦使磁畴以同样的方式排列，让物体变成了磁铁。但是，如果这个物体遭到反复的撞击，磁畴不再以同样的方式排列，磁力就消失了。

50. 有磁力的汤匙

一把非常普通的汤匙，平时都是没有磁性的，可是经过一番变化以后，它竟然变成了一块磁铁，到底是怎么回事呢？

准备工作

- 一把金属汤匙
- 一块磁铁
- 几颗铁钉
- 几枚回形针

跟我一起做

汤匙到底有没有磁性呢？

1 首先用金属汤匙去吸铁钉、回形针，验证汤匙没有磁性。

最好多摩擦一段时间哦！

2 拿出一块磁铁，慢慢地在汤匙上来回摩擦。

3 再次用汤匙去吸铁钉、回形针，能吸起来吗？

4 将汤匙在桌子上敲一敲，再次检测汤匙的磁力。

观察结果

汤匙刚开始是没有磁力的，在磁铁的摩擦下，汤匙带有磁力，能吸起铁钉、回形针。当汤匙受到敲击后，磁力又消失了，不能吸起铁钉、回形针。

怪博士爷爷有话说

这个实验里，我们可以把构成汤匙的金属物质看成是一个个的小磁铁，但由于它们的磁场方向不同，作用被相互抵消掉了，整个汤匙也就失去了磁性。而如果用一块真正磁铁的磁力将汤匙内部的小磁铁的磁场强行排列成同一方向，汤匙就会表现出磁力。将汤匙在桌子上敲击，其内部小磁铁的排列再次被破坏掉，因而磁力也跟着消失了。

51. 不愿分离的小黄鸭

在一个水盆里放两只手工制作的小黄鸭，就算把它们分开，它们还是会重新游到一起，这是为什么呢？

准备工作

- 两块塑料泡沫板
- 一张硬纸板
- 一把小刀
- 一把剪刀
- 一支水彩笔
- 两根钢针
- 一块磁铁
- 一个装满水的盆子

跟我一起做

1 在塑料泡沫板上用小刀切一条小缝隙。

2 用水彩笔在硬纸板上画出两只小黄鸭，涂上颜色，然后用剪刀剪下来，将小黄鸭插入泡沫板的小缝里。

3 将钢针放在磁铁上反复摩擦，然后分别插入两个塑料泡沫板的中心位置。

4 将做好的两只小黄鸭放进水盆里。

会发生什么现象呢?

观察结果

你会发现，两只小黄鸭紧紧依靠在一起，即使用手把它们分开，它们仍然会游到一起。

怪博士爷爷有话说

实验中，我们把钢针在磁铁上反复摩擦后，钢针就具有了磁性，彼此之间能互相吸引。所以，水里的小黄鸭会主动靠近对方，不愿意分开。

52. 被干扰的磁场

指南针为什么会发生偏移呢？做完下面这个实验，你就知道答案了。

准备工作

- 一个指南针
- 一根细导线
- 一节电池
- 一卷胶布
- 两个玻璃杯

胶带一定要贴紧导线哦！

跟我一起做

1 将玻璃杯扣放在桌子上，用胶布将导线固定在玻璃杯上，制成一个弧形。

2 在弧形导线下面放一个指南针，转动玻璃杯，让指南针的指针与弧形导线平行。

将导线的两端接在电池上，观察指南针有什么变化。

3

观察结果

你会发现，指南针的指针变成了与导线交叉的状态。

怪博士爷爷有话说

电流经过导线时，导线周围产生了磁感线，在弧形导线的一端形成了北极，另一端形成了南极。当电流改变时，两极的位置也会随之发生改变。而指南针的指针与磁感线的方向保持一致。

53. 磁铁失灵了

小朋友，你们知道加热也会影响磁性吗？下面的实验中，就让我们一起来体验下温度对磁性的影响。

准备工作

- 一块条形磁铁
- 一盒火柴
- 一根蜡烛
- 几颗小铁钉
- 一个夹子

跟我一起做

1 用火柴点燃蜡烛。

2 用夹子夹起磁铁在火上烧，5分钟以后取下来，放在一边自然冷却。

3 冷却大约15分钟后，用磁铁去吸桌子上的小铁钉。

怎么样？能吸起来吗？

观察结果

你会发现，这时的磁铁连一根铁钉都吸不起来，完全失灵了。

怪博士爷爷有话说

实验中的磁铁之所以具有磁性，是因为磁铁中的铁原子是有规则地排列的。然而，当磁铁受热后，铁原子的排列规则就被打乱了，因而也就失去了原有的磁性。

54. 烧摆现象

小朋友，你们听说过"烧摆"这个词吗？就让我们通过下面的实验一起来认识它吧！

准备工作

- 一枚回形针
- 一段铜丝
- 一根蜡烛
- 一盒火柴
- 一块条形磁铁
- 几本书

跟我一起做

1 将回形针的一端与铜丝相连，让铜丝的另一端固定在一摞书上。

2

在书的对面再放一摞摞得低一些的书，把一块条形磁铁固定在这摞低一些的书上。让磁铁和回形针之间保持一定的距离，使回形针在磁铁的作用下，向左边偏移。

3

点燃蜡烛，放在回形针的下方，让回形针处于火焰最热的地方。观察回形针的变化。

回形针会向磁铁靠近吗？

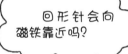

观察结果

你会看到，回形针忽然摆脱了磁铁的吸引，向远离磁铁的方向摆了过去，接着又摆了回来。而且只要蜡烛不熄灭，并且回形针保持在火焰最热的地方，回形针就会不停地来回转动。

怪博士爷爷有话说

回形针加热后不容易被磁化，这使得磁铁无法吸引住它，因此在重力的作用下，它会向远离磁铁的方向摆动；在摆动的过程中，空气带走了一部分热量，温度也跟着下降，回形针又恢复了易被磁化的性质，所以摆回来时，恰好能被磁铁吸住。而因为又重新被加热，回形针又会失去这种性质。如此循环反复，回形针就会不停地来回摆动了。

55. 被吸引的铅笔

铅笔又不是钢铁，在下面的实验中，为什么能被磁铁吸引呢？

准备工作

- 一块强磁铁
- 一支圆铅笔
- 一支带棱的铅笔
- 一把小刀

跟我一起做

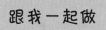

1 把圆铅笔的一端削尖。把带棱的铅笔平放在桌子上，再把圆铅笔放在带棱的铅笔上面，并且让圆铅笔保持平衡。

2

用强磁铁慢慢靠近圆铅笔削尖的那一端。观察铅笔的变化情况。

放上硬币会发生什么现象呢?

 **观察结果**

你会看到，削尖的圆铅笔竟然会慢慢地向磁铁所在的方向转动。

 **怪博士爷爷有话说**

圆铅笔会被磁铁吸引，是因为铅笔芯中含有石墨。而石墨中含有微量的原始磁颗粒，但是这些磁颗粒排列得非常混乱，不能轻易被磁铁所吸引。但是在这个游戏中，因为受到强磁铁磁场的作用，石墨中的原始磁颗粒会有序排列，并出现南北两极，所以，圆铅笔能够被磁铁所吸引。

56. 天平上的金属条

小朋友，你们见过大托盘天平吗？在这种天平上有一个能自由移动的金属条，想知道它是干什么用的吗？跟我一起来做下面的实验吧！

准备工作

- 一个三脚架
- 一块条形磁铁
- 一块铜片
- 一块钢片
- 一根木棒
- 一条细绳
- 一块橡皮泥
- 一把锥子
- 一个秒表

跟我一起做

这一步可以寻求爸爸的帮助哦。

1 用锥子在木棒的一端钻一个小孔，让细绳从孔里面穿过去，系在三脚架上。

2 把磁铁放在木棒下端，距离木棒大约 3 厘米。

3 用橡皮泥将钢片粘在木棒的下端。

4 将木棒拉到一定高度，松开手，同时用秒表计时，记录木棒停下来所用的时间。

5 然后把钢片换成铜片再重复一遍上面的动作，记录下木棒停下来所用的时间。

木棒粘着不同的金属片，有什么区别呢？

观察结果

你会发现，粘着铜片的木棒停下来所用的时间更短。

怪博士爷爷有话说

金属片在磁铁南极和北极之间来回摆动时，金属片中会出现涡流。涡流的方向跟磁铁中电流的方向是相反的，在两个磁场的相互作用下，金属片就会慢慢减速，最后停下来。这就是天平上金属条的工作原理。小朋友，你们想通了吗？在实验中，因为铜片比钢片更容易导电，所以粘着铜片的木棒停下来所用的时间更短。

57. 测试电流的磁效应

准备工作

- 一节电池
- 一段长铜丝
- 一张小纸板
- 一把剪刀
- 铁砂

跟我一起做

1

用剪刀在小纸板上剪出两个至少相隔10厘米的洞。

2

剪下一段长约30厘米的铜丝，然后将铜丝两端穿过纸板上的洞，分别连接到电池的两极。

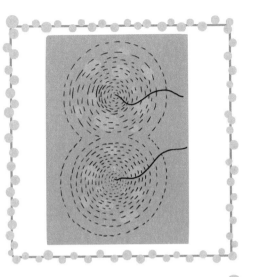

3 向小纸板上撒上铁砂,这时,铁砂会有什么变化?

4 让铜丝的一端与电池断开。轻轻敲击小纸板来让铁砂改变位置。

这时，铁砂又会有什么变化呢？

观察结果

　　第三步中，铁砂分布在铜丝的四周，呈现出同心圆的形状。

　　第四步中，小纸板上铁砂的排列杂乱无章。

怪博士爷爷有话说

第三步中铁砂呈现出同心圆形状，是因为由电池产生的电流通过铁丝，产生了一个磁场，所以才会这样。第四步里铁砂的排列方式改变了，是因为当电路被中断时，由电流产生的磁场也跟着消失了。

58. 起作用的电磁铁

准备工作

- 一节电池
- 一小块木头
- 两颗铁图钉
- 一枚回形针
- 一段长铜丝
- 一颗大铁钉
- 一盒小铁钉
- 一卷胶带
- 一把剪刀

跟我一起做

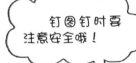

钉图钉时要注意安全哦!

1 制作一个开关: 将两个图钉钉在木头上, 中间相隔 2~3 厘米, 展开回形针, 将它放在其中一个图钉的下面。

2 剪一段长约 15 厘米的铜丝, 将它的一端连接在电池上, 另一端则固定在开关上一个图钉的下面。

剪一段长 60 ~ 70 厘米的铜丝，将它缠绕在大铁钉上，

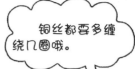

铜丝都要多缠绕几圈哦。

将铜丝的一端固定在电池的另一端，将铜丝的另一端固定到剩下的那枚图钉上。

用回形针连接两枚图钉来打开开关。

将钉子的尖端靠近装小铁钉的盒子，会有什么情况发生？

关掉开关，再把铜丝缠绕在大铁钉上，缠绕几十圈甚至上百圈，可以采用胶带来固定。然后用铜丝重新连接电池开关。

8

将开关打开，再用大铁钉的尖头靠近小铁钉。

这时又会有什么情况发生呢？

9

关掉开关，会有什么情况发生？

铁钉怎么一会儿有磁性，一会儿没磁性呢？

观察结果

第六步，小铁钉没有被大铁钉吸引。

第八步，小铁钉被大铁钉吸引。

第九步，小铁钉都掉落下来。

怪博士爷爷有话说

　　小铁钉之所以能被大铁钉吸引，是因为缠绕在大铁钉上的铜丝越多，产生的磁场强度越大。这时的钉子就像是一块真正的磁铁。当电流中断时，磁场也会随之消失，铁钉也会消磁。所以第九步中，小铁钉会掉落下来。但是，如果钉子是钢质的，就算是没有电流，它的磁性仍然会保留一段时间。

59. 隧道里的收音机

把正在播放新闻的收音机放进一个用铝箔纸做成的隧道里，收音机里的声音竟然消失了。你想知道这是为什么吗?

● 一张铝箔纸
● 一台收音机

1 用铝箔纸做一个隧道，大小能盖住收音机就行。

2 打开收音机，调好新闻频道，然后放进隧道里面，会发生什么现象？

3 把收音机从隧道里拿出来，又会发生什么现象？

观察结果

把收音机放进隧道里时，播放新闻的报道居然听不到了；当把收音机拿出隧道后，又能听到声音了。

怪博士爷爷有话说

电磁波无法穿透金属类导体，例如这个实验中用到的铝箔纸。由混凝土筑成的隧道，也是这样一种导体，从远处传来的电磁波，到了隧道就会被遮蔽。当你开车进入隧道时，收音机里的新闻播报会突然停止，就是这个原因。

60. 磁铁竟然不会吸引铁

通常情况下，磁铁不是都会吸引铁吗？为什么在下面的实验中，磁铁不能吸铁了呢？

准备工作

- 几片圆铁片
- 一颗铁钉
- 一把铁锤
- 一根木棍
- 一把小刀
- 一块马蹄形磁铁

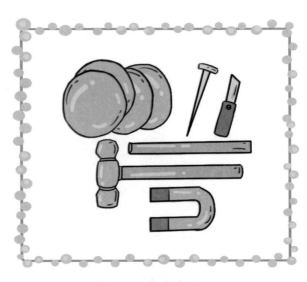

跟我一起做

打孔时可以请大人帮忙哦！

1 在圆铁片的中央用坚硬的铁钉敲出一个小孔，再将几片圆铁片叠在一起。

2 用小刀将一根比小孔略粗的木棍的下端削尖。让削尖的木棍从圆铁片的中心穿过，制成一个陀螺，然后旋转木棍，使这个用铁片做成的陀螺在桌子上旋转起来。

3

这时，拿起马蹄形磁铁靠近陀螺。注意观察陀螺的变化。

观察结果

你会发现，磁铁不仅不能将小陀螺吸住，反而会将陀螺推向另外一边。

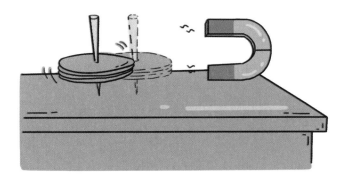

怪博士爷爷有话说

当圆铁片在磁铁附近转动时，会产生感应电流，同时会受到相斥的磁场力的作用。所以，小陀螺看起来退向另外一边。

参考文献

[1] 杨沫沫 . 我的第一本趣味科学游戏书 [M]. 北京：中国画报出版社，2012.

[2] 王剑锋 . 最爱玩的 300 个科学游戏 [M]. 天津：天津科学技术出版社，2012.

[3] 刘金路 . 儿童科学游戏 365 例 [M]. 长春：吉林科学技术出版社，2013.

[4] 李荔 . 世界上最神奇的 88 个经典科学游戏 [M]. 北京：经济科学出版社，2013.

[5] 龚勋 . 让孩子着迷的 365 经典科学游戏 [M]. 北京：光明日报出版社，2014.